Enrique Rosales Asensio

Cogeneración y redes de calefacción urbana

Medidas para eliminar las barreras institucionales y financieras que limitan su utilización conjunta en la UE-28

GRIN Publishing

Bibliographic information published by the German National Library:

The German National Library lists this publication in the National Bibliography; detailed bibliographic data are available on the Internet at http://dnb.dnb.de .

Imprint:

Copyright © 2015 GRIN Verlag GmbH
Print and binding: Books on Demand GmbH, Norderstedt Germany
ISBN: 978-3-656-90401-4

This book at GRIN:

http://www.grin.com/es/e-book/292788/cogeneracion-y-redes-de-calefaccion-urbana

Cogeneración y redes de calefacción urbana: medidas para eliminar las barreras institucionales y financieras que limitan su utilización conjunta en la UE-28

Resumen

El propósito de la investigación aquí mostrada es la de identificar medidas que hagan desaparecer las barreras institucionales y financieras a las que se enfrentan aquellos proyectos energéticos que comprendan la utilización conjunta de redes de calefacción urbana y cogeneración en la UE-28. Como resultado de la evaluación realizada, se obtuvieron entre otras barreras institucionales y financieras a eliminar: la competencia distintiva, la volatilidad de los precios de los combustibles y buena parte del marco regulatorio actual.

Se propone que, para conseguir la eliminación efectiva de dichas barreras, aparte de medidas genéricas y comunes a todos los esquemas tales como la creación de cargas-ancla, la puesta en marcha de una estrategia de márketing activo por parte de las autoridades locales, o la propuesta de actualización de algunas directivas comunitarias en materia energética, es también necesaria una adopción de aquellas medidas que respondan a la casuística de cada Estado miembro, lo que representará a la postre el camino más eficaz para conseguir una implantación generalizada de proyectos que comprendan conjuntamente redes de calefacción urbana y cogeneración.

Palabras clave: Redes de calefacción urbana, cogeneración, Unión Europea, barreras institucionales y financieras.

1. Introducción

El desarrollo de las diferentes infraestructuras energéticas presentes en los diferentes sistemas energéticos locales, muchas veces de forma desordenada, está produciendo un aumento en el número y complejidad de las interacciones a que dan lugar (Rad, 2011, pp. 2, 29). En un sistema de calefacción convencional, el gas se transporta desde las redes básicas de transporte y redes de distribución en las ciudades hasta las calderas domésticas individuales (London Climate Change Agency, 2007, p. 11). Sin embargo, en el caso de la utilización conjunta de redes de calefacción urbana junto con plantas cogeneradoras, el concepto es diferente. En este caso, y conforme el sistema se expande, se dan externalidades en las redes de calefacción (Corvellec, 2013, p. 33), pudiendo conseguirse economías de escala en el suministro del calor y utilizar más eficientemente el combustible empleado que las calderas individuales, las cuales operan normalmente a carga parcial (Kavalov y Peteves, 2004, pp. 45, 62) (Wien Energie, p. 44).

El análisis de la Comisión Europea sobre la evolución de la cogeneración instalada en los Estados Miembros entre 2004 y 2008, aun siendo cierto que muestra un crecimiento medio anual de un 0.5%, enmascara una gran divergencia en cuanto al grado de implementación de esta tecnología se refiere, habiendo tan sólo unos pocos países en los que se pueda afirmar que haya resultado efectiva la legislación nacional resultante de la Directiva 2004/08/EC sobre fomento de la cogeneración haya resultado efectiva (CODE, 2011, pp. 3-4).

Aunque un creciente número de autoridades locales están considerando la utilización conjunta de centrales cogeneradoras junto con redes de calefacción urbana como una tecnología que puede alinearse a largo plazo con las estrategias energéticas de la UE-28 (así como con la de cada uno de los Estados miembros que la componen) y de esta forma reducir sus emisiones contaminantes (Greater London Authority, 2013, p. 65), lo cierto es que, tal y como se aprecia en la figura 1, aun siendo esta tecnología una de las que reduce más las emisiones de CO_2 a un menor coste (Kelly y Pollitt, 2010, pp. 6939-6940) (Connolly, 2014, pp. 485-488), existen barreras significativas tanto a nivel institucional como de mercado que lastran una implementación óptima de la misma (Verbruggen, 2008, p. 3071) (Comisión Europea, 2006, p. 7). Por lo tanto, aunque pueda parecer que las políticas energéticas de los Estados miembros sea la de favorecer el desarrollo de la utilización conjunta de la cogeneración junto con redes de calefacción urbana, la principal razón por la que se está fallando a la hora de estimular un mayor grado de inversión en la infraestructura necesaria para su desarrollo es porque las políticas energéticas y las regulaciones, lejos de promover soluciones alternativas tales como las infraestructuras energéticas locales, continuamente refuerzan un régimen energético centralizado (Rydin et al, 2011, p. 5). Lo cierto es que, por lo general, los distintos marcos energéticos nacionales de la UE-28 promueven cambios incrementales y restringen unos cambios estructurales radicales necesarios a todas luces (Mitchell, 2010, p. 1) (Lockwood, 2013, p. 15).

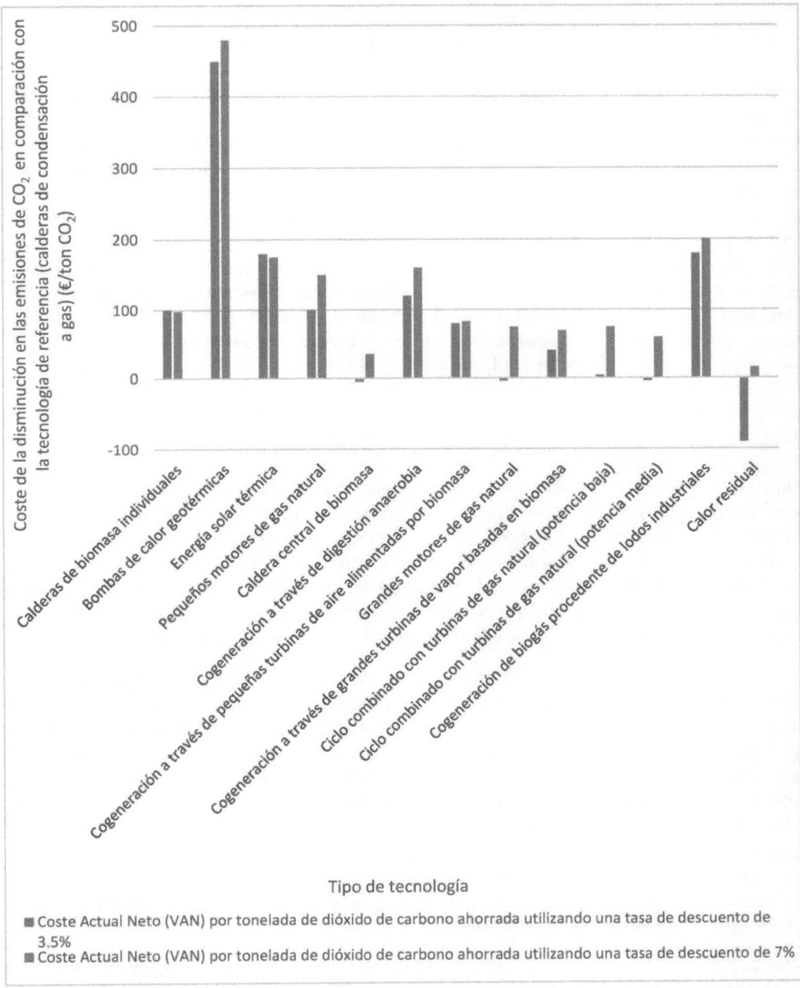

Figura 1. Coste de reducción del CO$_2$ para una vivienda típica del Reino Unido en el año 2008 (Kelly y Pollit, 2010)

Como ejemplo se puede citar que, tal y como se ha podido constatar en la mayoría de los Estados miembros de la UE-28, los esfuerzos en conseguir una descarbonización en el lado de la demanda se han centrado en medidas tales como un futuro completamente eléctrico (Speirs, 2010, p. 26), el desarrollo de modelos tecnoeconómicos que no toman en cuenta circunstancias locales (Speirs, 2010, pp. 15-16), y oportunidades e incentivos para la eficiencia energética que están basados en fallos de mercado (Golove y Eto, 1996, pp. 18-22) (Brown, 2001, pp. 1199-1200)

(Hynek, et al, 2012, p. 136) (Department of Energy & Climate Change, 2012, p. 18) y que tratan a los usuarios de manera individual, descuidando las potenciales economías de escala que pueden conseguirse a través de la utilización conjunta de la calefacción urbana y la cogeneración (Piel, 2012, p. 3). La Comisión Europea oficialmente se interesó por la tecnología de la cogeneración en el año 1997 a través de la *Comunicación sobre la Promoción de la producción combinada de electricidad y calor* (Comisión Europea, 1997, pp. 2, 3), centrándose la misma en el incremento de la producción eléctrica procedente de plantas cogeneradoras (Comisión Europea, 1997, p. 10). Precisamente este intento por parte de la Comisión de conseguir plantas cogeneradoras con una menor relación calor/electricidad supuso que la Comunicación, lejos de difundir la utilización de las redes de calefacción urbana, provocase únicamente una mejora en la eficiencia de las plantas (Grohnheit, 1999, pp. 22, 23) (Zmijewski, 2013, p. 10). Posteriores Directivas tales como la Directiva 2004/08/EC sobre fomento de la cogeneración, no resultó ser un "estímulo positivo para la cogeneración" en muchos de los Estados Miembros de la UE (Loncar y Ridjan, 2012, p. 32). La Comisión, después de haber observado el estancamiento en la difusión de las redes de calefacción urbana desde 1990 (Zmijewski, 2013, p. 10), desarrolló una Directiva relativa a eficiencia energética (la Directiva 2012/27/UE) en la cual en su artículo 14 explícitamente se recomienda el empleo de redes de calefacción urbana como una potencial tecnología para cumplir los objetivos relativos a eficiencia energética propuestos para el año 2020 (Comisión Europea, 2012(a), pp. 10, 20-22). Sin embargo, el punto 14(7) sólo obliga a que aquellas instalaciones de cogeneración y calefacción urbana que obtengan un resultado positivo desde una perspectiva económica "sean tenidas en cuenta", lo que *de facto* legitima a las autoridades a elegir discrecionalmente la tecnología que estimen oportuna (Ends Europe, 2012, p. 18) y en esencia legalmente no cambia la situación anterior a la antedicha Directiva.

Las redes de calefacción urbana tienen unas características tecnológicas e institucionales particulares (tales como el ser un monopolio natural) que hacen que las mismas no sean unos bienes de consumo convencionales (Söderholm y Wårell, 2011, pp. 743-744). Al no darse un equilibrio de mercado (donde los precios son iguales a los costes marginales de producción) (Osborne, 1997) sino una situación monopolística, los costes de producción bajarán conforme la producción aumente (The Linux Information Project, 2005), siendo por tanto más económico que una única infraestructura sea la que domine el mercado (ESMAP, 2000, p. 94). Debido a que bajo circunstancias de fallos de mercado no existirá (o al menos se verá muy mermada) la inversión privada, la inversión pública o el desarrollo de una regulación adecuada se hacen necesarias (Killick, 2001, p. 60).

Una vez realizada en esta primera sección un primer acercamiento a la situación actual de las redes de calefacción urbana y centrales cogeneradoras en la UE-28, se procederá, en la sección segunda, a la identificación de las barreras institucionales y financieras que lastran su utilización conjunta, para posteriormente proponer, en la sección tercera, medidas orientadas a la eliminación de las barreras antedichas. Finalmente, la sección cuarta se reservará para las conclusiones, donde se presentarán las implicaciones en cuanto a política energética se refiere de las medidas tomadas para hacer frente a las barreras identificadas.

2. Barreras institucionales y financieras que lastran la utilización de centrales cogeneradoras conjuntamente con redes de calefacción urbana

2.1 Efecto de la competencia distintiva y del modelo de negocio

Si en los países miembros de la UE-28 no se crea un marco normativo que tenga por objeto hacer a la eficiencia energética parte de la competencia distintiva (también conocida como básica) de las compañías eléctricas (Public Service Commission, 2013, p. 21), aun en el supuesto de ser la implantación de la cogeneración y las redes de calefacción urbana técnica y económicamente factibles, los esquemas podrían no progresar ya que normalmente se considera la inversión en cogeneración menos atractiva que otros proyectos que se encuadran, focalizan y no entran en conflicto con la competencia distintiva de las mismas (Division of Ratepayer Advocates, 2012, p. 56), ofreciendo estos proyectos además una mejor tasa de retorno, un menor riesgo intrínseco y pudiendo por otro lado implementarse más fácilmente ya que no tienen que superar las barreras asociadas a los proyectos de cogeneración (Global Environment Facility, 2001, p. 47), (McNaught, 2011, pp. 55-56), (King, 2012, p. 37).

Es evidente, y la experiencia en otros sectores con características monopolísticas naturales así lo demuestra, que las eléctricas no se embarcarán en actividades emprendedoras o innovadoras sin un incentivo para hacerlo (Bauknecht et al, 2007, p. 36) y este incentivo debe venir indudablemente del regulador (Hawkey y Webb, 2012, p. 4). Empíricamente se ha comprobado que los esfuerzos para incentivar a organizaciones focales (aquellas que sirven como punto de referencia) tales como los operadores de la red de distribución a actuar como emprendedores institucionales, ha sido problemático (Greenwood et al, 2011, p. 350) debido a que esta emprendeduría es contraria a la lógica competitiva que se ha establecido en la práctica totalidad de los países más desarrollados de la UE. Esto se debe a que la innovación y el cambio no están ni mucho menos entre las prioridades de organizaciones focales que se beneficien de un *status quo* privilegiado (Dewick y Foster, 2011, pp. 2, 10) (Sederlöf, 2012, p. 24).

2.2 Volatilidad de los precios de combustible y de la electricidad

Se conoce por s*park-spread* a la relación entre los precios del gas y de la electricidad (Schofield, 2007, p. 193). La utilización de la cogeneración será tanto más atractiva cuanto más bajo sea el precio del gas con respecto al de la electricidad, es decir, cuanto mayor sea el *spark-spread* (Shahidepour, 2002, pp. 164-165), siendo éste como factor el de mayor impacto tanto en la tasa interna de retorno como en el nivel de riesgo asociado a un proyecto de cogeneración (Western Development Commision, 2008, p. 10). En años recientes, el aumento y volatilidad de los precios del gas con respecto a los de la electricidad (*spark-spread* bajo) ha sido la mayor fuerza disuasoria a la expansión de la cogeneración, esperándose que esta tendencia continúe en un futuro cercano (Department of Energy and Climate Change, 2012, p. 5). A pesar de tener la opción de formalizar contratos de larga duración con el objeto de hacer frente al riesgo asociado a la marcada volatilidad de los precios del gas en el mercado, lo cierto es que es precisamente esta volatilidad la que hace que el acceso a este contrato por parte los grandes usuarios sea a un precio netamente superior (Orion Innovations, 2014, p. 20). Consecuentemente, el s*park-spread* entre los precios del gas y de la electricidad se acercan, siendo por ende el atractivo económico de la cogeneración inferior (American Gas Foundation, 2003, pp. 68-69) ya que la volatilidad que experimenta el precio del gas normalmente no se reproduce exactamente en los precios de la electricidad (Näsäkkälä, 2003, p. 14). Este riesgo adicional hará incrementar la tasa de retorno requerida para la realización de un proyecto que conlleve la implantación de un sistema de cogeneración junto con una red de calefacción urbana (Emery, Liu, 2002, p. 119).

En este apartado es preciso indicar que, a diferencia de otros países miembros de la UE-28 y en aras de disminuir la incertidumbre con respecto al precio de un recurso energético concreto, los productores de países con una larga tradición en cogeneración como es el caso de Suecia, normalmente pueden elegir discrecionalmente entre al menos dos combustibles, posibilitando esta flexibilidad que el sector de la cogeneración sueco sea económicamente viable (Larsson, 2007, p. 24).

2.3 Otras razones

El marco institucional y legal relativo a las redes de calefacción urbana pertenece principalmente al ámbito nacional de cada uno de los Estados miembros, siendo una de las pocas directivas internacionales que afectan a la competitividad de la calefacción urbana el Régimen de Comercio de Derechos de Emisión de la Unión Europea (Froning, 2007, p. 1) (Finnish Energy Industries, 2013, p. 12) y la Directiva relativa a la eficiencia energética (la Directiva 2012/27/UE) que, tal y como se indicó anteriormente y a pesar de recomendar explícitamente el empleo de la calefacción urbana para cumplir los objetivos energéticos propuestos por la UE-28 para el año 2020, legalmente no obliga su implantación a pesar de que la misma fuera económicamente viable, por lo que se puede decir que hasta la fecha no existe una legislación que a nivel supranacional específicamente asegure una expansión de las redes de calefacción urbana. Aparte del efecto de la competencia distintiva, del modelo de negocio y de la volatilidad de los precios de combustible y de la electricidad, se han identificado las siguientes barreras que igualmente lastran el desarrollo de las redes de calor:

- Inversión a largo plazo: La calefacción urbana supone un compromiso a largo plazo (E.ON UK, 2008, p. 19) comparable con otros proyectos de obra pública de importancia, lo que no la hace atractiva para aquellos mercados energéticos que hayan sido privatizados y abiertos a la competencia ya que éstos prefieren proyectos con recuperaciones de la inversiones más cortas (Ecoheatcool, 2006, p. 22). Este hecho, unido al mayor riesgo que entraña la implantación de redes de calefacción urbana en comparación con otras tecnologías más convencionales, hace que el coste de capital requerido sea mayor (Oxera, 2009, pp. 7-8) (Local Energy Efficiency Consortium, 2011, p. 9).
- Marco regulatorio: La influencia de un marco regulatorio diferente para cada Estado miembro y un acercamiento en muchas ocasiones dispar, hace que la situación en el sector de la calefacción urbana de la UE-28 no esté en absoluto armonizada (Morris, 2011, pp. 2, 34, 38, 57, 58), dificultando esto la participación de actores del mercado que hayan participado con anterioridad en proyectos de la misma índole en otro Estado miembro.
- Regulación y distorsión del precio de la energía: En la mayoría de los países de Europa del este, se ha venido aplicando una regulación de los precios del calor para proteger a la parte más desfavorecida de la población (debido principalmente a que no se han introducido programas de asistencia social a nivel nacional o local) (Farkas et al, 2011, p. 7), lo que provoca no solamente un mercado energético con unos precios distorsionados (European Investment

Bank, 2013, p. 16) sino que, indirectamente, evita un mantenimiento adecuado y la expansión de las redes de calefacción al impedir que muchos inversores privados se introduzcan en el sector de la calefacción urbana (Froning y Piel, 2006, p.1).

- Liberalización del mercado energético: Los diferentes modelos adoptados para liberalizar el mercado energético en los distintos Estados miembros, han causado una serie de dificultades para los actores del mercado. En concreto, a la falta de integración del mercado de la energía (Comisión Europea, 2013, p. 13), se une el hecho de que, paradójicamente, la liberalización del mercado ha provocado que la industria energética se haya atomizado en un reducido grupo de grandes empresas (Bulmer, 2007, pp. 134, 175) (Francoeur, 2008, pp. 6, 34) (Groznik, 2009, p. 4) que no están interesadas en el desarrollo de la cogeneración (Cogen Europe, 2006, p. 14).

- Prioridades, experiencia y electoralismo de las autoridades locales: A diferencia de la salud o la educación, por lo general las autoridades locales presentes en la UE-28, además de no poseer experiencia en el área en cuestión, no consideran a la energía como una prioridad (ESD, 2005, p. 4) y muchas de las acciones que llevan a cabo en este área, en caso de realizarse, son cuanto menos "no transparentes" (Cahn, 2000, p. 4). Por otro lado, y debido a que las autoridades locales son conocedoras que, aun siendo beneficioso para la sociedad en su conjunto, electoralmente sería peligroso el contraer deudas para realizar proyectos energéticos que esencialmente no son una demanda ni objeto de debate abierto dentro del público general, por lo que en la mayoría de los casos deciden no embarcarse en proyectos de esta índole (Peters et al, 2013, p. 38).

Una vez identificadas las principales barreras institucionales y financieras que impiden un mayor desarrollo de las redes de calefacción urbana, en la tabla I se muestra, a modo de resumen lo expuesto en esta sección.

Tabla 1. Barreras institucionales y financieras más significativas al despegue de las redes de calefacción y la cogeneración en la UE-28

Barrera identificada	Razones
Competencia distintiva y modelo de negocio	Falta de un marco normativo que tenga como objetivo hacer a la eficiencia energética parte de la competencia distintiva de las compañías eléctricas. Generalmente, aquellas organizaciones energéticas focales que se beneficien de un *status quo* privilegiado, carecen de deseo de innovación y cambio.
Volatilidad de los precios de combustible y de la electricidad	Alta volatilidad del precio del gas. *Spark-spread* bajo en años recientes.
Inversión a largo plazo	Plazo de recuperación mayores que para otros proyectos energéticos. Riesgo de implantación superior al de otras tecnologías más convencionales.
Marco regulatorio	Falta de armonización en la normativa relativa a la calefacción urbana para los Estados miembros de la UE-28.
Regulación y distorsión del precio de la energía	Carencia de programas de asistencia social a nivel nacional o local en alguno de los países de Europa Oriental pertenecientes a la UE-28.
Liberalización del mercado energético	Falta de integración del mercado de la energía. Atomización de la industria energética.
Prioridades, experiencia y electoralismo de las autoridades locales	Por lo general, las autoridades locales no consideran a la energía como una prioridad. Potencial peligrosidad electoral por las deudas que resultarían de la realización de este tipo de proyectos energéticos.

3. Medidas orientadas a la eliminación de las actuales barreras institucionales y financieras que dificultan la implentación conjunta de redes de calefacción urbana y centrales cogeneradoras

Las directrices comunitarias sobre ayudas estatales en favor del medio ambiente (Comunicación 2008/C 82/01) reconocen que en ciertas circunstancias y con el objeto de promover unos objetivos de política ambiental más amplios, puede ser necesaria la ayuda del estado (Comisión Europea, 2008, p. 4). Estas directrices que han sido adoptadas en cercana colaboración con los Estados miembros, pretenden servir de herramienta para la promoción de medidas que protejan el medio ambiente a la vez que impiden cualquier ayuda estatal injustificada (Comisión Europea, 2008, pp. 5, 6, 7, 11, 12), siendo plenamente consistentes con la Directiva Europea 2004/8/CE sobre promoción de la cogeneración (Comisión Europea, 2008, pp. 10, 14, 20, 31). Por lo tanto, la Comisión tiene la posición que siempre que las ayudas del estado sirvan para promover la utilización de fuentes energéticas renovables así como la producción combinada de calor y electricidad, las mismas son aceptables bajo ciertas condiciones (Comisión Europea, 2008, p. 4).

Sin embargo, tal y como se expuso en puntos anteriores, la evolución de la implantación de una de las tecnologías que más hace reducir las emisiones contaminantes a un menor coste (como son las redes de calefacción urbana), ha sido en los últimos 25 años verdaderamente desalentadora para la gran mayoría de los Estados miembros, por lo que si realmente éstos tienen un compromiso energético y ambiental adquirido, deberán buscar medidas alternativas a las acciones ya adoptadas. Unas medidas que tendrían que tener como fin último dar respuesta a las barreras indicadas en el punto anterior y que, aun pudiendo ser alguna de ellas asumidas de forma genérica por todos los Estados miembros, deberán buscarse de forma individualizada para cada uno de ellos dependiendo del grado de madurez e implantación de las redes de calefacción urbana ya existente.

En la actualidad, las redes de calefacción urbana solamente contribuyen con alrededor del 10% del suministro total de calor de la Unión Europea (CrossBorder Bioenergy Working Group on District Heating, 2011, p. 5), sugiriendo su evolución que esta situación es improbable que cambie bajo las actuales condiciones políticas y de mercado (The Sussex Energy Group, 2012, p._2) (Sandén y Azar, 2005, p. 1560) (Bale, 2014, p. 15). Sin embargo, con las condiciones apropiadas y debido a su potencial, es factible que la calefacción urbana se convierta en un actor principal en el sector energético europeo, necesitándose para conseguir esto la mitigación de los riesgos y costes asociados a este tipo de proyectos (Persson, 2011, pp. 47, 48).

Una vez desgranadas en apartados anteriores las principales causas que limitan la implantación de la utilización conjunta de la cogeneración junto con redes de calefacción urbana, en este apartado se propondrán medidas que sirvan para combatir las mismas. Cada uno de los mecanismos expuestos a continuación deben entenderse diseñados para ser lo suficientemente flexibles como para satisfacer requisitos cambiantes así como para evitar que se den subvenciones/apoyo financiero doble.

Medidas para mitigar la barrera de la competencia distintiva y del modelo de negocio: En el apartado anterior se mostraron las causas por las que las organizaciones energéticas focales no consideran atractivas las redes de calefacción urbana ni la cogeneración, figurando entre las mismas el riesgo intrínseco de estas infraestructuras y la tasa interna de retorno, exponiéndose que debían ser los reguladores nacionales de la energía de cada Estado miembro los que incentivaran su participación.

Aunque desde las diferentes privatizaciones que se han venido sucediendo en el sector energético de los distintos Estados miembros por lo general, la inversión en infraestructuras energéticas ha estado sujeta a las fuerzas del mercado (Possert, 2013, p. 1), proponemos que, con el objeto de mitigar la reticencia por parte de las organizaciones energéticas focales antedichas a participar en el despegue de la cogeneración y de las redes de calefacción urbana, se elimine completamente el riesgo de la infraestructura debido a que dichas fuerzas de mercado no proporcionan los incentivos necesarios a la inversión privada como "para invertir y proteger infraestructuras críticas" (Umbach, 2010, p. 4), imponiéndose una tasa de descuento (típicamente empleada en evaluación de proyectos en los que de alguna manera intervenga el sector público y que representa el umbral de rentabilidad del proyecto) del 3.5% (Li, 2013, pp. 88, 137), (Scottish Entreprise, 2014, p. 106), (Parsons Brinckerhoff, 2012, pp. 88) y obligando el regulador nacional de la energía de cada Estado miembro a la participación de estas organizaciones focales en infraestructuras de este tipo. Debe quedar claro que esta medida sólo debería adoptarse en aquellos mercados energéticos en los que la tecnología de las redes de calefacción urbana no esté lo suficientemente madura, teniendo como objeto no solamente que la misma se desarrolle e implante en un Estado miembro determinado sino que pase a formar parte de la competencia distintiva de las organizaciones energéticas focales.

Medidas para mitigar la barrera de la volatilidad de los precios de combustible y de la electricidad: Con el objeto de fomentar la inversión privada, la rentabilidad del proyecto debería ser atractiva (Wojewnik-Filipkowska, p. 7) y no debería ser demasiado variable, es decir, tendría que haber una estrecha correlación entre el coste de combustible y la tarifa resultante (Suazo, 2001, p. 68). Aunque se propone que se ofrezca un precio mínimo garantizado a los proveedores energéticos, históricamente los inversores privados han participado en proyectos expuestos a unos precios de la energía de por sí relativamente volátiles, por lo que se hace necesario que acepten algún riesgo en este tema (Barker et al, 2006, p. 3).

Independientemente del tamaño de los esquemas y debido a las características de monopolio efectivo que se dan (Söderholm y Warrell, 2011, pp. 742, 744, 746, 747, 748, 751) (Toke y Fragaki, 2008, p. 1449), se propone que se adopte una forma apropiada de regulación en aras de modificar las tarifas atendiendo a un índice de costes de combustibles alternativos, manteniéndose de esta manera la competencia entre distintos combustibles y tecnologías.

Sin llegar a convertirse en una barrera a la inversión por sí misma pero aceptando que añade una considerable complejidad a la administración del esquema y a la evaluación llevada a cabo por los inversores, se propone como medida para mitigar la volatilidad de los precios de combustible y de la electricidad, mantener la rentabilidad de la infraestructura desarrollada dentro de una (modesta) franja dada, llevando a cabo una revisión anual de los precios del gas, del *spark-spread* así como del nivel de apoyo financiero.

Medidas para eliminar o mitigar la barrera de la inversión a largo plazo: La medida más inmediata para eliminar o mitigar la barrera de la inversión a largo plazo sería la de proporcionar un apoyo financiero que elevase la tasa interna de retorno, disminuyera el riesgo de la inversión y estimulase el despegue de las redes de calefacción urbana, actuando de esta manera como catalizador para su implantación (BRE et al, 2013, pp. 30, 60). Se ha argumentado que al ser el desembolso asumido para implantar las redes de calefacción urbana ampliamente superado por los grandes beneficios que éstas tienen para la sociedad (Gartland, 2014, pp. 47, 48), los gobiernos de la UE-28 deberían apoyar a la cogeneración y a las redes de calefacción urbana con el objeto de evitar el fallo de mercado resultante de las externalidades surgidas de la producción convencional de calor y electricidad. Aunque una solución práctica podría ser la de proporcionar préstamos con un bajo interés o la de ofrecer subvenciones a la inversión (Cansino et al, 2011, p. 3810), debe tenerse en cuenta que, en caso de realizarse, cualquier esquema de subvenciones debería limitarse en cada Estado miembro a un número limitado de proyectos, diseñados tanto para ilustrar la factibilidad de implantar redes de calefacción urbana como para ser los catalizadores de la reducción de su coste y de la formación de una cadena de suministro local, por lo que dicho esquema de subvenciones variará grandemente dependiendo de la madurez de cada Estado miembro en cuanto a redes de calefacción urbana se refiere. Históricamente han habido problemas con las subvenciones directas concedidas a la instalación de infraestructuras, tanto en términos de para qué se emplean las mismas así como en la administración de éstas (Sletnes, 2012, p. 6), por lo que no creemos que sea la medida más recomendable a tomar. El proporcionar subvenciones que sufraguen costes de la infraestructura podría dejar el esquema abierto a abuso por parte de los inversores, lo que comprometería la efectividad del esquema de subvenciones así como la viabilidad del sistema (Connor, 2010, p. 9) (Hughes, 2006, p. 15).

Creemos que la provisión de una ayuda por la electricidad producida a partir de centrales cogeneradoras de alta eficiencia, no solamente reduciría notablemente el tiempo de recuperación de la inversión y proporcionaría unos ingresos asegurados a lo largo de la vida de la planta cogeneradora y de las redes de calefacción urbana sino que mitigaría los riesgos percibidos, por lo que vemos a esta medida como una de las que se deben tomar para mitigar la barrera de la inversión a largo plazo. A pesar de que el nivel de ayuda financiera pueda variar para reflejar las condiciones de mercado, es importante tener presente la necesidad de mantener la misma para proyectos que ya han sido contratados bajo este esquema. Aunque para cada país de la UE-28 las ayudas serían diferentes, los exitosos resultados obtenidos en esquemas de similares características en Dinamarca (IEA, 2009, p. 8), así como estudios llevados a cabo para países menos desarrollados en cuanto a redes de calefacción urbana y cogeneración se refiere como es el caso de Croacia (Loncar y Ridjan, 2012, pp. 32, 35-38), indican que, orientativamente, las mismas tendrían que estar entre 0.005 €/kWh y 0.01 €/kWh por cada unidad de electricidad generada a partir de cogeneración de alta eficiencia.

Aunque teóricamente con los incentivos de mercado adecuados y una correcta utilización de la regulación, las iniciativas privadas deberían ser capaces de llevar a cabo proyectos de cogeneración y de redes de calefacción urbana sin estar asociados con ninguna institución local (Mautino, 2012, pp. 4, 7, 16), lo cierto es que creemos que un elemento adicional que reduzca el riesgo de la infraestructura tal como la modificación de los términos de pago de los proveedores de las redes de calefacción urbana, dándoles a los mismos la posibilidad de conseguir pagos garantizados [similar a los proporcionados en los contratos en los que se da la colaboración público-privada (Arecete, 2006, pp. 202, 210)] es necesaria, por lo que es propuesta como medida para eliminar o mitigar la barrera de la inversión a largo plazo.

Debe tenerse en cuenta que, por lo general, los esquemas que han sido exitosos en Europa han tenido una elevada involucración del sector público (Parsons Brinckerhoff, 2010, p. 56) (Parsons Brinckerhoff Ltd, 2010, p. 36), recayendo normalmente la responsabilidad final del impulso definitivo para el desarrollo de las redes de calefacción urbana sobre las autoridades locales (Tudway, 2010, p. 12). Atendiendo a esta experiencia y a la necesidad de eliminar la barrera de la inversión a largo plazo, se propone una elevada implicación de las autoridades locales cuyas funciones sean, aparte de promulgar la difusión de las redes de calefacción urbana, las de llevar a cabo una intervención administrativa que proporcione términos de contratos estandarizados con el objeto de atraer a usuarios que utilicen otras tecnologías de calefacción diferentes a las redes de calefacción urbana.

Finalmente, y en lo que a centrales eléctricas de nueva construcción se refiere, se propone la obligación de que las mismas tengan una eficiencia mínima de al menos un 70%, lo que convertiría a la cogeneración en una alternativa de bajo coste, crearía un fuerte incentivo para que las mismas encontrasen mercados de calor sostenibles y eliminaría las barreras de inversión a largo plazo.

Medidas para eliminar o mitigar la barrera del marco regulatorio: Con objeto de reducir el riesgo asociado a estos esquemas, se propone la creación de cargas-ancla de tal manera que pueda garantizarse una carga que represente alrededor del 80% de la capacidad total de la red, pudiéndose realizar esto gracias a la firma de contratos a largo plazo que reduzcan significativamente el riesgo de sobredimensionar a potenciales activos obsoletos.

En la mayoría de los países en los que la calefacción urbana es exitosa, los proveedores ofrecen contratos de hasta 20 años para asegurar ingresos (Moss, 2003, pp. 273, 274) (Høigaard, 2012). Sin embargo, esto parece ir en contra de la política energética de muchos de los Estados miembros, ya que podría llevar a consecuencias no intencionadas para la actual competencia en los mercados energéticos (es posible que se den distorsiones en la competencia entre las redes de calor urbana y otras tecnologías) así como para la protección de los consumidores de calor, ya que si los mismos están sujetos con un proveedor de calefacción urbana con contratos a largo plazo, entonces podría suscitarse preocupación en torno a situaciones monopolísticas (OECD, 2000, p. 39). Ya en la Directiva 2009/72/CE del Parlamento Europeo y del Consejo sobre normas comunes para el mercado interior de la electricidad, se indica que "Los Estados miembros velarán por que los clientes cualificados puedan cambiar fácilmente de suministrador si así lo desean" (Comisión Europea, 2009, p. 11), lo que evidentemente crea un conflicto entre el imperativo legal de posibilitar al usuario la potestad de cambiar de suministrador y el requisito de tener contratos de largo plazo para reducir el riesgo de la inversión de este tipo de infraestructuras. Debido al conflicto antedicho y a acercamientos e interpretaciones dispares entre los Estados miembros, se propone como medidas para eliminar barreras regulatorias, una actualización de la Directiva 2009/72/CE en la que explícitamente se permitan ofrecer a proveedores de tecnologías que sirvan para cumplir las obligaciones ambientales contraídas por los Estados miembros para el año 2020, contratos de larga duración (20 años suele ser el tope en aquellos países en los que las redes de calefacción urbana más han prosperado) para asegurar no solamente los ingresos necesarios para los proveedores sino el cumplimiento de dichas obligaciones por parte de los Estados miembros.

Tal y como se expuso con anterioridad, creemos que deben ser las autoridades locales las que den el impulso definitivo al desarrollo de las redes de calefacción urbana y que de su actuación bien depende el éxito el esquema. Sin embargo, sin la involucración del Gobierno central mediante la elaboración del marco de referencia político en el que operarán las autoridades locales, la imposición de obligaciones y la proporción de la oportuna autoridad a las mismas, será muy complicado el despegue de las redes de calefacción urbana (Dalla Rosa, 2012, pp. 218-220) (Fudge et al, 2012, pp. 3, 4) (Poputoaia y Bouzarovski, 2010, pp. 3824, 3825). Por ello, se propone como medida para eliminar (o mitigar) la barrera del marco regulatorio, la creación de un organismo dentro del Gobierno central (o estrechamente asociado con él) para proporcionar estos servicios y actuar como adalid para el desarrollo de las redes de calefacción urbana. Se propone que a medio término y en aquellos Estados miembros en los que la tecnología no esté lo suficientemente madura, este marco de referencia sea complementado con medidas adicionales que faciliten el desarrollo de una cadena de suministro local robusta para el desarrollo de las redes de calefacción urbana.

Medidas para eliminar o mitigar la barrera de la regulación y distorsión del precio de la energía: Con el objeto de eliminar o mitigar esta barrera, se propone la introducción de programas de asistencia social a nivel nacional o local que hagan innecesaria la aplicación de unos precios del calor que protejan a la parte más desfavorecida de la población que a la postre dificultan un mantenimiento adecuado y la expansión de las redes de calefacción urbana.

No obstante la medida anteriormente expuesta para eliminar la barrera de la regulación y distorsión del precio de la energía, es preciso indicar que la expansión de las redes de calefacción urbana puede plantear cuestiones relativas a subsidios cruzados y protección de los consumidores (OECD, 2000, p. 39) (Comisión Europea, 2012(b), p. 33) (Pasoyan, 2007, pp. 7, 10, 16, 17) (ECRB, 2013, pp. 1, 2, 20) (Westin y Lagergren, 2002, pp. 583, 588, 592). Debido a que los costes de calefacción difieren dependiendo de la tecnología empleada, localización y tipo de edificación, la tarifa media no necesariamente asegurará que todos los consumidores tengan una tarifa más ventajosa que con la alternativa convencional. Por ejemplo, se ha demostrado que en Dinamarca, entre un 2% y un 8% de los clientes de las redes de calefacción urbana pagan más que si utilizaran calderas individuales (The Danish Energy Authority, 2005, p. 10) por lo que, para minimizar esta circunstancia, se propone que se implante una diferenciación tarifaria, o bien una forma de compensación (p.ej., proporcionando subvenciones de conexión variables) que haga frente a esta circunstancia.

Medidas para mitigar la barrera de la liberalización del mercado energético: Con el objeto de mitigar esta barrera, se propone que los diferentes modelos adoptados para liberalizar el mercado energético de los distintos Estados miembros fueran reemplazados por un modelo de mercado de carbono puro (remunerándose plenamente las emisiones contaminantes dejadas de emitir a la atmósfera gracias a esquemas más eficientes a través del precio del carbono) en el que se asigne plenamente el precio sombra del carbono a la combustión de combustibles fósiles. Esta medida, unida a una de las medidas expuestas anteriormente para mitigar la barrera de la competencia distintiva y del modelo de negocio, según la cual los reguladores nacionales de la energía de cada Estado miembro obligarían a la participación de organizaciones focales energéticas en redes de calefacción urbana y en proyectos de cogeneración, provocaría que el poco interés mostrado por las mismas (intensificado aún más si cabe después de la progresiva atomización del sector energético posterior a la liberalización del sector) hacia estas tecnologías se revierta.

<u>Medidas para eliminar o mitigar la barrera de las prioridades, la experiencia y el electoralismo de las autoridades locales:</u> En países en los que las redes de calefacción urbana están ampliamente implantadas y en los que se han conseguido eliminar las barreras asociadas a las prioridades, experiencia y electoralismo de las autoridades locales, la planeación llevada a cabo por los municipios ha sido vital en el desarrollo de las mismas. A pesar de que los potenciales usuarios de las redes de calefacción urbana serán en primera instancia las autoridades locales y viviendas públicas así como los grandes edificios comerciales (aunque en este último caso debería notarse que este grupo de clientes puede tener mayores incentivos para desarrollar sistemas de calefacción independientes con un riesgo menor) (Branson, 2008, p. 21) (King, 2012, p. 18), el beneficio será todavía mayor en zonas con altas demandas y viviendas calefactadas eléctricamente. Proponemos como medidas para mitigar estas barreras, la realización de ajustes a las regulaciones de planeación y construcción, mostrando a los constructores los potenciales beneficios de su utilización con el objeto de que al menos consideren a la calefacción urbana como opción (las redes de calefacción urbana tienen la ventaja que, para este tipo de edificaciones en particular, no están compitiendo con ninguna red ya implantada con grandes costes hundidos, teniendo como inconveniente las mejores eficiencias constructivas de las edificaciones en la actualidad).

Siguiendo el ejemplo de las líneas políticas llevadas a cabo por Dinamarca (Birnbaum y Elleriis, 2011, p. 1), se barajó como medida a tomar la obligación de conexión al esquema de calefacción urbana en determinadas zonas y circunstancias. Esta última acción supondría la creación de zonas en las que virtualmente todas las edificaciones tendrán la obligación de estar conectadas al sistema de calefacción urbana. La idea es que, al igual que no tiene sentido desarrollar dos sistemas de calefacción urbana que compitan entre sí, no tiene sentido desde un punto de visto económico el desarrollar dos sistemas de calefacción tales como el gas y las redes de calefacción urbana compitiendo entre sí (Nordic Energy Perspectives, 2009, p. 9).

Sin embargo, y aun siendo conocedores que esta última acción supondría no solamente un método mucho más rápido de conseguir los resultados deseados que el depender que el sector privado evolucione de forma espontánea hacia los mismos, sino un coste total inferior [Ecoheat4eu, 2011(a)] y el favorecimiento del los consumidores, esta medida no se podría justificar debido a que no se adaptaría bien a la actual libertad de elección presente en buena parte de los Estados miembros ya que la creación de estas zonas eliminaría la posibilidad de competencia en lo que al mercado de la calefacción se refiere, por lo que la misma no será propuesta.

Creemos que existen otras formas de promoción de las redes de calefacción urbana menos impositivas que las llevadas a cabo en Dinamarca (donde una autoridad local puede decidir que todas las propiedades en un área dada sean conectadas a la red de calefacción urbana) y que se adaptarían mejor a la libertad de elección energética antedicha. En vez de obligar la conexión, lo que proponemos es que la autoridad local tome alguna forma de márketing activo, por ejemplo, a través de incentivos o conectando propiedades pertenecientes al Gobierno.

Uno de los elementos fundamentales de cualquier red de calefacción urbana es hasta qué grado es voluntaria la conexión. Si la conexión es voluntaria, entonces se puede esperar que los términos contractuales cubran los principales elementos de la relación entre el productor y el consumidor en términos de precio e indexación, niveles de calidad mínimos del servicio y medidas a tomar en caso de fallo operacional [Ecoheat4eu, 2011(b)] (Energie Control, 2010, p. 94). El problema con estos esquemas es que es improbable que los mismos sean capaces de incorporar un elevado nivel de conexiones a nivel residencial, por lo que se propone como medidas para eliminar estas barreras, obligar la intervención de organizaciones o cooperativas que provean de vivienda social de bajo coste para aquellas personas que lo necesiten, la conexión de las autoridades locales al esquema, o la exposición de los beneficios asociados a la utilización de las redes de calefacción urbana a los constructores de viviendas de nueva obra con el objeto de contrarrestar a unos consumidores individuales, por lo general, propensos a la inercia, contrarios al riesgo y conocedores de que el potencial beneficio privado es muy pequeño (Thollander, 2010, pp. 3652-3654) (Rhodes, 2014) (Radov, 2006, p. 136) (Brodies LLP, 2007, p. 17).

Por otra parte, se propone llevar a cabo estudios de factibilidad de tecnologías/aplicaciones innovadoras, proyectos de demostración así como programas de promoción y diseminación (creemos que funcionarán bien siempre y cuando lo hagan durante un largo período de tiempo y estén respaldados por condiciones de mercado favorables) de centrales cogeneradoras y redes de calefacción urbana con el objeto de mitigar las barreras asociadas a las prioridades y electoralismo de las autoridades locales.

Debido a que, como se ha indicado, estas medidas serán ineficaces sin unas condiciones de mercado favorables, sólo en aquellos Estados miembros en los que se dé esta circunstancia y la tecnología no esté asentada, se propone como posible medida a tomar para elevar la conciencia sobre la existencia de la misma, el llevar a cabo una innovación institucional mediante la creación de una empresa pública para el desarrollo de redes de calefacción urbana junto con instalaciones de cogeneración. Esta medida se fundamenta en el hecho de que, si un Gobierno dado (ya sea nacional o local) está decidido a crear compañías que aúnen todas las competencias necesarias para la implantación de redes de calefacción urbana junto con instalaciones de cogeneración, entonces los costes de transacción para la tecnología disminuirán significativamente. La organización tendrá con toda probabilidad la posibilidad de financiar a más largo plazo su acceso al capital (el cual será por otro lado mayor), pudiendo involucrar en primera instancia en esta tecnología a los clientes privados más sencillos (que en este caso serían las industrias existentes y las centrales eléctricas). Esta fase inicial elevaría la conciencia sobre la existencia de esta tecnología y sus beneficios asociados, lo que desembocaría a corto plazo en la eliminación de la barrera electoralista detectada (las potenciales deudas contraídas por este tipo de proyectos serían entendidas por el público general) y a medio plazo en la atracción de otros clientes privados más complicados tales como los clientes particulares.

A lo largo de este apartado, se han presentado una serie de propuestas para hacer frente a las barreras institucionales y financieras identificadas relativas a la implantación de redes de calefacción urbana y cogeneración en la UE-28, mostrándose en la tabla II se muestra una síntesis de las mismas.

Tabla 1. Medidas propuestas para hacer frente a las barreras institucionales y financieras que limitan el desarrollo de las redes de calefacción urbana y la cogeneración en la UE-28

Barrera identificada	Medidas propuestas
Competencia distintiva y modelo de negocio	Eliminación completa del riesgo de la infraestructura imponiendo una tasa de descuento del 3.5%. Obligar al regulador nacional de la energía de cada Estado miembro a que haga participar a las organizaciones focales energéticas en infraestructuras de este tipo.
Volatilidad de los precios de combustible y de la electricidad	Ofrecimiento de un precio mínimo garantizado a los proveedores energéticos. Modificación de las tarifas atendiendo a un índice de costes de combustibles alternativo. Mantenimiento de la rentabilidad de la infraestructura dentro de una franja dada, con revisión anual de los precios del gas, del *spark spread* y del nivel de apoyo financiero.
Inversión a largo plazo	Provisión de ayuda por electricidad producida a partir de centrales cogeneradoras de alta eficiencia. Modificación de los términos de pago de los proveedores de las redes de calefacción urbana. Intervención administrativa por parte de las autoridades locales, de tal manera que se proporcionen términos de contratos estandarizados. Obligación a que las centrales eléctricas de nueva construcción tengan una eficiencia mínima de al menos un 70%.
Marco regulatorio	Creación de cargas-ancla que representen una carga de alrededor del 80% de la capacidad total de la red de calefacción. Actualización de la Directiva 2009/72/CE con el objeto de que explícitamente se permita ofrecer contratos de larga duración a aquellos proveedores de tecnologías que contribuyan al cumplimiento de las obligaciones ambientales contraídas por los Estados miembros de la UE-28. Creación de una organización perteneciente al Gobierno central que desarrolle el marco de referencia político y actúe como adalid en el desarrollo de redes de calefacción urbana.
Regulación y distorsión del precio de la energía	Introducción de programas de asistencia social a nivel nacional o local en aquellos Estados miembros en los que no estén presentes. Implantación de una diferenciación tarifaria u otra forma de compensación para aquellos casos en los que la calefacción urbana resulte para el consumidor más cara que la alternativa convencional.
Liberalización del mercado energético	Implantación de un modelo de carbono puro.
Prioridades, experiencia y electoralismo de las autoridades locales	Realización de ajustes a las regulaciones de planeación y construcción. Puesta en marcha de una estrategia de márketing activo por parte de las autoridades locales con programas de promoción y diseminación de la tecnología. Realización de proyectos de demostración de centrales cogeneradoras y redes de calefacción urbana. Realización de una innovación institucional a través de la creación de una empresa pública exclusivamente en aquellos Estados miembros que no tengan unas condiciones de mercado favorables y las medidas anteriores resulten ineficaces.

4. Conclusiones

Una vez identificadas las barreras institucionales y financieras existentes para la implantación de redes de calefacción urbana junto con plantas de cogeneración en la UE-28, se ha concluido que a no ser que se dé un cambio sustancial en el mercado o en la regulación que concierne a la utilización de la tecnología antedicha, es difícil que se produzca un despegue definitivo de la misma. Se considera que las directivas comunitarias más recientes (entre las que destaca la Directiva 2012/27/UE sobre eficiencia energética), a pesar de ser voluntariosas, son insuficientes para conseguir una difusión de esta tecnología acorde a su potencial.

Se ha determinado como imperativo para la reducción de la pobreza energética y la consecución de los objetivos relativos a eficiencia energética propuestos en el seno de la UE-28 para el año 2020, el desarrollo de políticas energéticas que creen una relación simbiótica entre lo público y lo privado, evalúen más adecuadamente las externalidades ambientales, y eliminen, en la linea con lo aquí propuesto, las actuales barreras institucionales y financieras a las que se enfrenta la utilización conjunta de redes de calefacción urbana y cogeneración.

Por su parte, se ha determinado que, debido a que en la actualidad la utilización conjunta de la cogeneración y las redes de calefacción urbana está en la mayoría de los Estados miembros en una fase incipiente, el camino más eficaz para desarrollar las instituciones del sector, la normativa técnica y las disposiciones legales y contractuales, sea la de llevar a cabo una búsqueda individualizada de unas medidas que, atendiendo principalmente al grado de madurez e implantación ya existente en cada Estado miembro, evolucionen y conduzcan, conforme el sistema se expande, a un régimen regulatorio adecuado, en base a lo aquí expuesto, que elimine las barreras institucionales y financieras a las que se enfrentan aquellos proyectos energéticos que implican una utilización conjunta de cogeneración y redes de calefacción urbana.

Referencias

American Gas Foundation, 2003. Natural gas and energy price volatility: price volatility in today's energy markets. Oak Ridge National Laboratory, Oak Ridge. 72 p.

Arecete, J. B., 2006. Aspectos contables de las colaboraciones público-privadas. Presupuesto y gasto público. 45, 199-214.

Bale, C., et al, 2014. Spatial mapping tolos for district heating (DH): helping local authorities tackle fuel poverty. Centre for integrated energy research, Leeds. 51 p.

Barker, D., et al, 2006. Uncharted waters – again? Strategic decisions group, Palo Alto. 12 p.

Bauknecht, D., et al, 2007. DG-Grid: regulating innovation & innovating regulation. Intelligent Energy, Bruselas. 58 p.

Birnbaum, A., Elleriis, J., 2011. Best practice: district heating system (Copenhagen). New York City Global Partners, Nueva York. 5 p.

Branson, A., 2008. Extending district heating and CHP in central Leicester. Ayuntamiento de Leicester, Leicester. 22 p.

BRE et al, 2013. Research into barriers to deployment of district heating networks. Department of Energy and Climate Change, Londres. 114 p.

Brodies LLP, 2007. Making ESCOs work: guidance and advice on setting up & delivering an ESCO. London Energy Partnership, Londres. 110 p. ISBN 978-1-85261-984-8.

Brown, M.A., 2001. Market failures and barriers as a basis for clean energy policies. Energy Policy. 29(14), 1197-1207.

Bulmer, S., et al, 2007. Policy transfer in European Union governance: regulating the utilities. Routledge, Oxon. 240 p. ISBN 978-0-415-37488-0.

Cahn, M., 2000. Liberalisation and its impact on municipalities in the participant countries and the UK: Summary of report. International Energy Agency Demand-Side Management Programme, París. 10 p.

Cansino, J. M., et al, 2011. Promoting renewable energy sources for heating and cooling in EU-27 countries. Energy Policy. 39(6), 3803-3812.

CODE, 2011. Growing cogeneration in Europe: D6.1 proposal for a European cogeneration roadmap. Cogeneration Observatory and Dissemination Europe, Bruselas. 14 p.

Cogen Europe, 2006. Benchmarking report: status of CHP in EU Member States. Cogen Europe, Bruselas. 42 p.

Comisión Europea, 1997. A Community strategy to promote combined heat and power (CHP) and to dismantle barriers to its development. Comisión Europea, Bruselas. 24 p.

Comisión Europea, 2006. Action plan for energy efficiency: realising the potential. Comisión Europea, Bruselas. 19 p.

Comisión Europea, 2008. Community guidelines on State aid for environmental protection (2008/C 82/01). Comisión Europea, Bruselas. 33 p.

Comisión Europea, 2009. Directive 2009/72/EC of the European Parliament and of the Council of 13 July 2009 concerning rules for the internal market in electricity and repealing Directive 2003/54/EC. Comisión Europea, Bruselas. 39 p.

Comisión Europea, 2012(a). Directiva 2012/27/UE del Parlamento Europeo y del Consejo de 25 de octubre de 2012 relativa a la eficiencia energética, por la que se modifican las Directivas 2009/125/CE y 2010/30/UE y por la que se derogan las Directivas 2004/8/CE y 2006/32/CE. Comisión Europea, Bruselas. 56 p.

Comisión Europea, 2012(b). Energy markets in the European Union in 2011. Comisión Europea, Bruselas. 164 p. ISBN 978-92-79-25489-5.

Comisión Europea, 2013. Report from the Commission to the European Parliament, the Council, the European Central Bank, the European Economic and Social Committee, the Committe of Regions and the European Investment Bank. State of the single market integration 2013 – Contribution to the Annual Growth Survey 2013. Comisión Europea, Bruselas. 22 p.

Connolly, D., et al, 2014. Heat roadmap Europe: combining district heating with heat savings to decarbonise the EU energy system. Energy Policy. 65, 475-489.

Connor, P., 2010. Documentation of consultation process on the proposed 2020/2030 RES-H targets in the United Kingdom. Universidad de Exeter, Exeter. 16 p.

Corvellec, H., et al, 2013. Infrastructures, lock-in, and sustainable urban development: The case of waste incineration in the Göteborg metropolitan areas. Journal of cleaner production. 50, 32-39.

CrossBorder Bioenergy Working Group on District Heating, 2011. District heating: sector handbook. The Bioenergy Association of Finland, Jyväskylä. 32 p.

Dalla Rosa, A., 2012. The development of a new district heating concept: network design and optimization for integrating energy conservation and renewble energy use. Danmarks Tekniske Universitet, Kongens Lyngby. 238 p.

Department of Energy and Climate Change, 2012. A call for evidence on the role of gas in the electricity market. Department of energy and climate change, Londres. 12 p.

Department of Energy & Climate Change, 2012.The energy efficiency strategy: the energy efficiency opportunity in the UK. Department of Energy & Climate Change, Londres. 30 p.

Dewick, P., Foster, C., 2011. Focal actors and ecoinnovation. DRUID Society Conference 2011, Copenhague. 12 p.

Division of Ratepayer Advocates, 2012. 2011 Annual Report. California Public Utilities Commission, San Francisco. 95 p.

ECRB, 2013. Treatment of the vulnerable customers in the Energy Community. Energy Community Regulatory Board, Viena. 23 p.

Ecoheat4eu, 2011(a). Support measures for DHC: Denmark, Internet: ecoheat4.eu/en/Country-by-country-db/Denmark/Support-Measures-For-DHC   >, Bruselas.

Ecoheat4eu, 2011(b). Support measures for DHC: Germany, Internet: ecoheat4.eu/en/Country-by-country-db/Germany/Support-Measures-For-DHC >, Bruselas.

Ecoheatcool, 2006. Reducing Europe's consumption of fossil fuels for heating and cooling. Euroheat & Power, Bruselas. 22 p.

Emery, G.W., Liu, Q.W., 2002. An analysis of the relationship between electricity and natural-gas future prices. The Journal of Futures Markets. 22(2), 95-122.

Ends Europe, 2012. Draft working paper on article 14 of the energy efficiency directive (2012/27/EU) (Version 20/11/2012 for the meeting on 04/12/2012). Ends Europe, Londres. 42 p.

Energie Control, 2010. A better deal – whenever change brings opportunities. Energie Control, Viena. 137 p.

E.ON UK, 2008. BERR heat call for evidence: Response from E.ON UK. E.ON UK, Coventry. 26 p.

ESD, 2005. Sustainable energy communities and sustainable development: coclusions and recommendations. ESD Ltd, Wiltshire. 26 p.

ESMAP, 2000. Increasing the energy efficiency of heating systems in Central and Eastern Europe and the former Soviet Union. The World Bank, Washington. 224 p.

European Investment Bank, 2013. The economic appraisal of investment projects at the EIB. European Investment Bank, Luxemburgo. 224 p.

Farkas, A., et al, 2011. Benchmarking district heating in Hungary, Poland, Lithuania, Estonia and Finland: Executive Summary Report. Energy regulators regional association, Budapest. 33 p.

Finnish Energy Industries, 2013. Strategy for the district heating sector. Finnish energy industries, Helsinki. 16 p.

Francoeur, N., 2008. Critical assessment of Europe's energy market. 2008: A review of central and Eastern Europe, continental trends and EU legislation. Energia klub, Budapest. 49 p.

Froning, S., Piel, E., 2006. Promotion of heating and cooling from renewable energies. Euroheat & Power, Bruselas. 9 p.

Froning, S., Piel, E., 2007. Heat and power and district heating in the EU emissions trading scheme. Euroheat & Power, Bruselas. 6 p.

Fudge, S., et al, 2012. Locating the agency and influence of local authorities in UK energy governance. Centre for Environmental Strategy, Surrey. 51 p.

Gartland, D., 2014. Developing district heating in Ireland: why should it be developed and what needs to change? Universidad de Aalborg, Aalborg. 87 p.

Global Environment Facility, 2001. Removing barriers to the increased use of biomass as an energy Source. United Nations Development Programme, Washington. 63 p.

Golove, W.H., Eto, J.H., 1996. Market barriers to energy efficiency: a critical reappraisal of the rationale of public policies to promote energy efficiency. Lawrence Berkeley National Laboratory, Berkeley. 66 p.

Greater London Authority, 2013. District heating manual for London. Greater London Authority, Londres. 83 p.

Greenwood, R., et al, 2011. Institutional complexity and organizatonal responses. The Academy of Management Annals. 5(1), 317-371.

Grohnheit, P.E., 1999. Energy policy responses to the climate change challenge: the consistency of European CHP, renewables and energy efficiency policies. Risø National Laboratory, Roskilde. 148 p.

Groznik, A., 2009. Potentials and challenges in multi utility management. European and Mediterranean conference on information systems 2010, Abu Dhabi. 10 p.

Hawkey, D., Webb, J., 2012. Multi-level governance of socio-technical innovation: the case of district heating in the UK. Copenhagen Business School, Copenhague. 23 p.

Høigaard, M., 2012. NO - Meldal: district heating, Internet: <www.publictenders.net/node/1692324 >, Sandvika.

Hughes, L., 2006. Our winters of discontent: addressing the problem of rising home heating costs. 38 p. ISBN 0-88627-482-6.

Hynek, D., et al, 2012. Follow the Money: overcoming the split incentive for effective energy efficiency program design in multi-family buildings. ACEEE summer study on energy efficiency in buildings, Pacific Grove. pp. 135-148.

IEA, 2009. CHP/DHC Country scodecard: Denmark. International Energy Agency, París. 12 p.

Kavalov, B., Peteves, S.D., 2004. Bioheat appliations in the European Union: an analysis and perspective for 2010. Comisión Europea, Luxemburgo. 122 p. ISBN 92-894-8730-5.

Kelly, S., Pollitt, M., 2010. An assessment of the present and future opportunities for combined heat and power with district heating (CHP-DH) in the United Kingdom. Energy Policy. 38(11), 6936-6945.

Killick, T., et al, 2001. African poverty at the millennium: causes, complexities, and challenges. World Bank publications, Washington. 158 p. ISBN 0-8213-4867-1.

King, M., 2012. Community energy: planning, development and delivery. International district energy association, Westborough. 59 p.

Larsson, R., 2007. A comparative case study of non techncal barriers. Sveriges Lantbruksuniversitet, Upsala. 113 p.

Li, F., 2013. Spatially explicit techno-economic optimisation modelling of UK heating futures. UCL Energy Institute, Londres. 311 p.

Local Energy Efficiency Consortium, 2011. Local energy efficiency project: project information booklet. Local Energy Efficiency Consortium. 25 p.

Lockwood, M., 2013. System change in a regulatory state paradigm: the "Smart" grid in the UK. European Consortium for Political Research General Conference, Burdeos. 37 p.

Loncar, D., Ridjan, I., 2012. Medium term development prospects of cogeneration district heating systems in transition country – Croatian case. Energy. 48(1), 32-39.

London Climate Change Agency, 2007. Moving London towards a sustainable low-carbon city. An implementation strategy. London Climate Change Strategy, Londres. 21 p.

Mautino, L., 2012. Regulatory best practices applied to district heating. Future of heat markets and DH pricing in Baltic countries and Poland, Riga. 36 p.

McNaught, C., 2011. A study into the recovery of heat from power generation in Scotland. AEA, Glengamock. 175 p.

Mitchell, C., 2010. The political economy of sustainable energy. Palgrave Macmillan, Basingstoke. 248 p. ISBN 978-0-230-53711-8.

Morris, J., 2011. Transport biofuels in Sweden: stakeholders' perceptions of the renewable energy. Universidad de Lund, Lund. 60 p.

Moss, K. J., 2003. Heating and water design in buildings. 2ª ed. Taylor & Francis, Londres. 320 p. ISBN 0-415-29184-4.

Näsäkkälä, E., Fleten, S.E., 2003. Gas fired power plants: investment timing, operating flexibility and abandonment. 25 p.

Nordic Energy Perspectives, 2009. The future of Nordic district heating: a first look at district heat pricing and regulation. Nordic Energy Perspectives, Oslo. 52 p.

OECD, 2000. Regulatory reform in Denmark: regulatory reform in the electricity sector. Organisation for economic co-operation, París. 53 p.

Orion Innovations, 2014. Walking the carbon tightrope: energy intensive industries in a carbon constrained world. The Trades Union Congress, Londres. 59 p.

Osborne, M.J., 1997. Short run competitive equilibrium in an economy with production, Internet: < www.economics.utoronto.ca/osborne/2x3/tutorial/LRCE.HTM >, Toronto.

Oxera, 2009. The cost of capital for heat distribution and supply: final report. Energiekamer, La Haya. 54 p.

Parsons Brinckerhoff Ltd, 2010. A district heating utility for the Tees Valley. Renew at the centre for processes innovation, Londres. 276 p.

Parsons Brinckerhoff, 2010. Decentralised energy Project Borough-wide. London Borough of Islington, Londres. 72 p.

Parsons Brinckerhoff, 2013. Decentralised energy masterplan for Westminster. Westminster City Council, Londres. 164 p.

Pasoyan, A., 2007. Regional urban heating policy assessment: part I. Alliance to Save Energy, Washington. 133 p.

Persson, U., 2011. Realise the potential! Cost effective and energy efficient district heating in European urban areas. Universidad Tecnológica de Chalmers, Gotemburgo. 78 p.

Peters, M., et al, 2013. Local authority perspectives on energy governance and delivery in the UK: a thematic assessment of enabling and restricting factors. Centre for Environmental Strategy (University of Surrey), Surrey. 51 p.

Piel, E. 2012. Preliminary contribution to the Commission's public consultation on the review of state aid guidelines for environmental protection. Euroheat & Power, Bruselas. 5 p.

Poputoaia, D., Bouzarovski, S., 2010. Regulating district heating in Romania: legislative challenges and energy efficiency barriers. Energy Policy. 38(7), 3820-3829.

Possert, T., 2013. Response to request for information "rate regulation". Energie Steiermark, Graz. 6 p.

Public Service Commission, 2013. Comments of the joint utilities. Estado de Nueva York, Nueva York. 54 p.

Rad, F.D., 2011. On sustainability in local energy planning. Universidad de Lund, Lund. 131 p. ISBN 978-91-7473-110-1.

Radov, D., et al, 2006. Policy options to encourage energy efficiency in the SME and public sectors. Department for Environment, Food and Rural Affairs, Londres. 171 p.

Rhodes, M., 2014. A new model for ECO, Internet: < www.encraft.co.uk/viewpoints/a-new-model-for-eco >, Londres.

Rydin, Y., et al, 2011. Planning and the challenge of decentralised energy: a co-evolution perspective. 2011 Nordic Environmental Social Science Conference, Estocolmo. 39 p.

Sandén, B., A., Azar, C., 2005. Near-term technology policies for long-term climate targets – economy wide versus technology specific approaches. Energy policy. 33(12), 1557-1576.

Scottish Entreprise, 2014. Scotland and the Central North Sea. Element Energy Limited, Londres. 139 p.

Schofield, N., 2007. Commodity derivatives: markets and applications. John Wiley & Sons Ltd, Chichester. 336 p. ISBN 978-0-470-01910-8.

Sederlöf, J., 2012. The marketing communications industry in flux: large B2C advertisers' viewpoint. Turku School of Economics, Turku. 115 p.

Shahidepour, M., et al, 2002. Market operations in electric power systems: forecasting, scheduling, and risk Management. John Wiley & Sons, Nueva York. 552 p. ISBN 978-0-471-44337-7.

Sletnes, O.H., 2012. EFTA surveillance authority decision of 9 May 2012 on the aid to Akershus Energi Varme AS for the construction and expansion of district heating and cooling infraestructure in Lillestrom, Strommen and Nitteberg. EFTA surveillance authority, Bruselas. 12 p.

Söderholm, P., Wårell, L., 2011. Market opening and third party access in district heating networks. Energy Policy. 39(2), 742-752.

Speirs, J., et al, 2010. Building a roadmap for heat 2050 scenarios and heat delivery in the UK. Combined heat and power association, Londres. 46 p.

Suazo, J.A., 2001. Stages in Project financing: a comparative analysis of independent power projects in three developing countries – India, Indonesia, and Peru. Instituto Tecnológico de Massachussetts, Massachussetts. 187 p.

The Danish Energy Authority, 2005. Heat supply in Denmark: who, what, where and why. The Danish Energy Authority, Copenhague. 40 p.

The Linux Information Project, 2005. Natural monopoly definition, Internet: < http://www.linfo.org/natural_monopoly.html >, Bellingham.

The Sussex Energy Group, 2012. Centre on Innovation and Energy Demand. Universidad de Sussex, Brighton. 4 p.

Thollander, P., et al, 2010. Analyzing variables for district heating collaborations between energy utilities and industries. Energy. 35(9), 3649-3656.

Toke, D., Fragaki, A., 2008. Do liberalised electricity markets help or hinder CHP and district heating? The case of the UK. Energy policy. 36(4), 1448-456.

Tudway, R., 2010. An enabling framework for district heating. Department of Energy & Climate Change, Londres. 21 p.

Umbach, F., 2010. Critical energy infrastructure protection in the electricity and gas industries – coping with cyber threats to energy control centers. Institut für Strategie Politik Sicherheits und Wirtschaftsberatung, Berlín. 5 p.

Verbruggen, A., 2008. The merit of cogeneration: measuring and rewarding performance. Energy Policy. 36(8), 3069-3076.

Wojewnik-Filipkowska, A., 2012. Public private cooperation in sustainable city development - the case study of public-private partnership in railway station area regeneration project. Knowing to manage the territory, protect the environment, evaluate the cultural heritage, FIG working week 2012. 15 p.

Western Development Commision, 2008. Biomass CHP market potential in the western region: an assessment. Western Development Commision, Ballaghaderreen. 64 p.

Wien Energie. The Road to renewable energy: Wien Energie annual review 2011/12. Wien Energie GmbH, Viena. 75 p.

Westin, P., Lagergren, F., 2002. Re-regulating district heating in Sweden. Energy Policy. 30(7), 583-596.

Zmijewski, K., 2013. Current challenges in completing the internal energy market. EPP Group Hearing on the Internal Energy Market, Bruselas. 13 p.